ZWISCHEN RAUM UND ZEIT

Lisa Visintainer

ABSTRACT

Bei dem Thema Zeitreisen gibt es selbst unter Wissenschaftlern kontroversielle
Diskussionen. Während manche Naturwissenschaftler fest davon überzeugt sind, dass Reisen durch die Zeit durchaus möglich sind, lehnen sie andere vollkommen ab. Deshalb wäre es interessant zu wissen, ob Zeitreisen nun Wissenschaft oder doch nur Fiktion sind.

Als Einstieg behandelt die Arbeit die Relativitätstheorien Albert Einsteins, die heute eines
der wichtigsten Fundamente der Physik bilden. Sie erklären viele Aspekte des Universums und spielen somit auch bei Zeitreisen eine bedeutende Rolle. Nach dieser Einführung wird kurz auf Schwarze Löcher eingegangen, da sie eine bedeutende Rolle für Zeitreisen haben könnten. Danach wird der Begriff der Zeit näher untersucht. Die vorliegende Arbeit sollte zeigen, wie die Zeit definiert wird bzw. welche verschiedenen Vorgehensweisen verwendet

werden, um die Zeit zu beschreiben wie beispielsweise durch sogenannte Zeitpfeile.

Weiteres werden Zeitmaschinen bzw. Methoden, mit denen es möglich wäre durch die Zeit zu reisen, wie zum Beispiel eine „Speziell-relativistische Turbokapsel", eine „Allgemein- relativistische Parkkapsel" oder auch Wurmlöcher, analysiert. Abgeschlossen wird die Arbeit mit den unter Umständen entstehenden Paradoxien, wie dem Großvaterparadoxon oder dem Zwillingsparadoxon, und dessen Lösungen.

Für die Arbeit ist hauptsächlich Buchliteratur von renommierten Physikern verwendet worden. Jedoch sind auch für allgemein bekanntere Informationen oder aktuelle Ereignisse
etablierte Magazine und Onlinemedien gewählt worden.

INHALTSVER-
ZEICHNIS

„Falls Zeitreisen möglich sind, wo sind dann die Touristen aus der Zukunft?

– STEPHEN HAWKING" (VGL.: KAKU, 2016, S. 276)

„,[Zeitreisen] widersprechen der Vernunft', sagte Filby. ,Welcher Vernunft?', sagte der Zeitreisende.

– H. G. WELLS" (VGL.: KAKU, 2016, S. 276)

„Menschen, die wie wir an die Physik glauben, wissen, dass die Unterscheidung Zwischen Vergangenheit, Gegenwart und Zukunft nur eine besonders hartnäckige Illusion ist.

– ALBERT EINSTEIN" (VGL.: KAKU, 2017, S. 367)

„Wissenschaftler wissen sehr genau, dass Zeit nur eine Art von Raum ist."

(VGL.: MÜLLER, 2016, S. 19)

1. EINLEITUNG

◆ ◆ ◆

D as sind nur einige der Aphorismen, auf die ich
während des Schreibens meines Buchs gesto-
ßen bin. Sie zeigen, wie verschieden die Meinungen zu Zeit, Raum und Zeitreisen sind. Der eine
oder andere Aphorismus ist auch der Grund für die
Schaffung dieses Buchs. Vor allem jener von Stephen
Hawking hat mich sehr beschäftigt. Denn er hat
wahrscheinlich recht: Niemand ist wohl je einem
Zeitreisenden aus der Zukunft begegnet Falls nämlich Zeitreisen möglich wären, hätte sich der eine
oder andere Zeitreisende doch sicher einmal in un-
sere Gegenwart verirren können.

Das Universum ist sehr facettenreich. Es umfasst die
Welt der kleinsten Teilchen bis hin zu den größ-
ten Sonnen und Galaxien. Seit meiner Kindheit lese
ich Bücher über unser Sonnensystem, den Aufbau
von Planeten und Sternen. Angefangen hat mein

Interesse mit dem Buch „Dein buntes Wörterbuch des Weltraums", welches einige Aspekte des Universums in einfacher Sprache und mit Illustrationen erklärte. Das Universum fasziniert mich schon mein ganzes Leben lang. Viele Hobbys kommen und gehen, und wenn man älter wird, ändern sich oft die Interessen. Auch bei mir ist es so gewesen. Jedoch die Rätsel des Universums begleiten mich schon von klein auf und deshalb habe ich mich dazu entschieden für mein Buch eine Problemstellung im Zusammenhang mit dem Universum zu formulieren.

Auf das spezifizierte Gebiet der Zeitreisen bin ich vor allem durch die
Filmtrilogie

„Zurück in die Zukunft" aus den 1980er Jahren gekommen. Mir hat die Kombination von Humor und Wissenschaft sehr gefallen, und ich wollte mehr über Zeitreisen erfahren und ob dies wirklich möglich ist. Auch der Film „Interstellar", der 2014 erschienen ist, behandelt Zeitreisen. An der Erstellung des Films hat der theoretische Physiker Kip Thorne mitgewirkt. Somit sind die meisten physikalischen Aspekte in dem Film wissenschaftlich fundiert. Er ist also nicht nur (Science-) Fiction (vgl.: Hummel, https://www.zeit.de/wissen/2014-11/interstellar-physik [Zugriff: 06.02.2020]).

Zudem habe ich auch von einem „Experiment" von

Stephen Hawking gelesen, bei dem er aufzeigen wollte, dass Zeitreisen nicht möglich sind. Er hatte im Jahr 2009 eine Feier für Zeitreisende veranstaltet. Jedoch ist niemand zu der Feier erschienen, da er die Einladungen erst am Tag danach abgeschickt hatte (vgl.: Hawking, 2018, S. 168).

Wenn es möglich wäre durch die Zeit zu reisen, würde dies die Menschheit verändern. Was würde geschehen, wenn jeder die Möglichkeit hätte, sich vor und zurück in der Zeit zu bewegen? Herauszufinden, ob es möglich ist oder nicht, ist somit durchaus von großer Bedeutung. Dies angesichts der Tatsache, dass wir noch nie so viele technische Möglichkeiten hatten wie heute.

Die verwendete Literatur für die Arbeit besteht vorwiegend aus Printmedien. Die Quellen stammen von hochrangigen Physikern, die sich auch sehr mit der Zeit im Allgemeinen auseinandergesetzt haben. Ich habe zu den verschiedenen Problemstellungen die Definitionen und Meinungen gelesen und diese verglichen, um aus vielen unterschiedlichen Ansichten meine eigenen Schlussfolgerungen zu ziehen.

In meiner Arbeit werde ich vor allem versuchen herauszufinden, ob Zeitreisen möglich sind oder doch eher in die Science-Fiction-Szene gehören. Ich werde zuerst kompakt auf die wichtigsten Ergebnisse der Relativitätstheorien (spezielle und allgemeine) Albert Einsteins eingehen, da sie heute die

Basis zur Erklärung aller physikalischen Geschehnisse im Universum und damit grundsätzlich auch für Zeitreisen bilden. Zudem werde ich mich mit dem Begriff der Zeit auseinandersetzen, und es soll der Bau von Zeitmaschinen erörtert werden. Weiteres werde ich noch auf eventuell entstehende Zeit-Paradoxien und die dazu vorgeschlagenen Lösungen eingehen.

2. DIE SPEZIELLE RELATIVITÄTS-THEORIE (SRT)

Der wohl berühmteste Physiker des 20. Jahrhunderts, Albert Einstein, hat mit seinen beiden Relativitätstheorien das Weltbild in der Physik vollkommen verändert. Die SRT, die 1905 veröffentlicht wurde, ist zu einer der wichtigsten Theorien des 20. Jahrhunderts geworden (vgl.: Apolin, 2008, S. 4). Bis 1905 wurden Raum und Zeit als absolut und unveränderbar gesehen. Die SRT und die Allgemeine Relativitätstheorie (ART) Einsteins beschreiben nicht nur Vorgänge im Universum, sondern auch Geschehnisse auf der Erde. Jedoch im Alltag sind diese Effekte für die Menschen nicht spürbar, da sie nur sehr gering und kaum messbar sind (vgl.: Putz/Jahn, 2019, S. 201).

Es gibt zwei unterschiedliche Arten von Bewegungen. Zum einen unbeschleunigte (gleichförmige) und zum anderen beschleunigte (ungleichförmige) Bewegungen. Die SRT behandelt ausschließlich unbeschleunigte Systeme, also Bewegungen, die geradlinig und mit konstanter Geschwindigkeit erfolgen (vgl.: Apolin, 2008, S. 6). Dann gilt das erste Newtonsche Axiom, das auch als Trägheitssatz bezeichnet wird. Systeme in denen der Trägheitssatz gilt, werden auch als Inertialsysteme bezeichnet (vgl.: Putz/Jahn, 2019, S.203).

Einstein formulierte zwei Postulate, die die Basis der SRT bilden:

1. *„Es gibt kein ausgezeichnetes Inertialsystem. Alle Inertialsysteme sind gleichwertig und physikalische Vorgänge laufen in ihnen in der gleichen Weise ab.*

2. *Die Vakuumlichtgeschwindigkeit ist konstant. Sie hat für alle Beobachter den gleichen Wert unabhängig davon ob sich die Lichtquelle oder der Beobachter (oder beide) bewegen."* (vgl.: Putz/Jahn, 2019, S. 205).

Aus den oben angeführten Postulaten schlussfolgerte Einstein, dass die Zeit, aus der Sicht eines ruhenden Beobachters, für einen Beobachter in Bewegung langsamer vergeht. Dies wird auch als Zeitdilatation bezeichnet.

Für die Zeitdilatation gilt:

$$t_b = t_r \cdot \sqrt{1 - \frac{v^2}{c^2}}$$

Hier steht $\mathbf{t_b}$ für die Zeit, die für den Beobachter in Bewegung verstreicht, $\mathbf{t_r}$ für die Zeit, die für den ruhenden Beobachter vergeht, $\mathbf{c}$ für die Lichtgeschwindigkeit und $\mathbf{v}$ für die Relativgeschwindigkeit (vgl.: Apolin, 2008, S. 16 f.).

Auch für die räumliche Ausdehnung von bewegten Objekten gibt es Konsequenzen bei höheren Geschwindigkeiten. Objekte, die sich relativ zu einem Beobachter bewegen, sind in Bewegungsrichtung kontrahiert (vgl.: Putz, Jahn, 2019, S. 211).

Für die Längenkontraktion gilt:

$$l_b = l_r \cdot \sqrt{1 - \frac{v^2}{c^2}}$$

Hier steht $\mathbf{l_b}$ für die Länge, die der Beobachter in Bewegung misst, $\mathbf{l_r}$ für die Länge, die der Beobachter in Ruhe misst, $\mathbf{c}$ für die Lichtgeschwindigkeit und $\mathbf{v}$ für die Relativgeschwindigkeit. (vgl.: Apolin, 2008, S. 21)

Nicht nur die Zeit und Längen in Bewegungsrichtung, sondern auch die Masse von Körpern hängt von der Geschwindigkeit ab. Einstein konnte im Rahmen der SRT folgenden Zusammenhang herleiten:

$$m_D = \frac{m_0}{\sqrt{1 - \frac{v^2}{c^2}}}$$

m_D steht hier für die dynamische Masse, m_0 ist die Ruhemasse, **v** die Relativgeschwindigkeit und **c** die Lichtgeschwindigkeit.

Die relativistische Massenzunahme bedeutet aber nicht, dass sich ein Körper ausdehnt, sondern, dass seine träge Masse (vgl.: Apolin, 2008, S. 25-26), die die Beschleunigung angibt, mit der ein Objekt auf eine einwirkende Kraft eine Reaktion zeigt, zunimmt (vgl. Pössel, https://www.einstein-online.info/spotlight/traegeschwere/ [Zugriff: 05.02.2020]).

Eine andere wichtige Folgerung aus der SRT ist der Zusammenhang zwischen Energie und Masse. Es gilt:

Gesamtenergie = Ruheenergie + Bewegungsenergie

Es ergibt sich also: **E= mc²**

Diese berühmte Formel ist als Äquivalenz von Masse und Energie bekannt (vgl.: Apolin, 2008, S. 27).

3. DIE ALLGEMEINE RELATIVITÄTSTHEORIE (ART)

D a sich die SRT ausschließlich auf Inertialsysteme bezieht, wollte Albert Einstein eine Theorie entwickeln, die für beschleunigte Systeme gelten würde (vgl.: Putz/Jahn, 2019, S.231).

Im Rahmen der ART führte Einstein das Äquivalenzprinzip ein:

„Träge und schwere Masse sind immer gleich groß, weil sie dasselbe und somit ununterscheidbar sind." (vgl.: Apolin, 2008, S. 39).

Ob ein Astronaut eine Rakete mit 9,81 m/s^2 beschleunigt oder auf der Erde in Mittleren Breiten steht ist gleichgültig. Genauso kann nicht unterschieden werden, ob die Rakete in sehr großer Entfernung von einem Himmelskörper schwebt, oder ob sie sich im freien Fall befindet. (vgl.: Apolin, 2008, S. 39). Aus diesen Erkenntnissen formulierte Einstein eine erweiterte Form des Äquivalenzprinzips:

„Mit keinem wie auch immer gearteten Experiment, kann man zwischen Trägheit und Schwere unterscheiden." (vgl.: Apolin, 2008, S. 40)

Aus dem Äquivalenzprinzip folgt auch, dass Licht in Gravitationsfeldern abgelenkt werden muss. Ein durch eine beschleunigende Rakete fliegendes Photon, ein Lichtteilchen, fliegt aus der Sicht eines Beobachters von außen horizontal durch die Rakete. Für einen Beobachter innerhalb der Rakete hat das Photon jedoch eine parabelförmige Bahn (vgl.: Apolin, 2008, S.40).

Zudem besagt die ART, dass die Gravitation auch einen Einfluss auf den Gang von Uhren hat. Wenn ein Beobachter A ein Photon in einem Gravitationsfeld vertikal nach oben sendet, muss dieses aufgrund der Anziehungskraft an Energie verlieren. Die Wellenlänge des Photons wird größer und seine Frequenz wird kleiner. Wenn nun ein anderer Beobachter B ein Photon hinabschickt, also zur Oberfläche eines Himmelskörpers, erhält es mehr Energie und somit eine höhere Frequenz. Beobachter A empfindet, dass eine Uhr, die Beobachter B bei sich trägt schneller geht. Für B geht die Uhr, die A besitzt, langsamer, da sich A näher bei der Masse befindet.

Die Zeitveränderung in einem inhomogenen Feld einer großen Masse wird durch die folgende Formel beschrieben:

$$T_A = T_B \cdot (1 - \frac{G \cdot M}{c^2 \cdot r})$$

In dieser Formel gibt T_A die Zeit an, die für einen Beobachter vergeht, welcher sich weit weg von einer Masse, zum Beispiel der Erdoberfläche, befindet und T_B die Zeit, die für einen Beobachter, der sich in der Nähe einer Masse befindet, vergeht. G steht für die Gravitationskonstante G = $6{,}67 \cdot 10^{-11}$ Nm²/kg², M ist die Masse in Kilogramm, c ist wiederum die Lichtgeschwindigkeit und r steht für den Radius der Zentralmasse in Meter (vgl.: Apolin, 2008, S. 43 f.).

Die Gravitation hat also einen Einfluss auf den Gang von Uhren, welche langsamer gehen, wenn sie sich in der Nähe massereicher Objekte befinden.

Da die Lichtgeschwindigkeit jedoch immer etwa 300.000 Kilometer pro Sekunde beträgt, müssen Maßstäbe im Gravitationsfeld um denselben Faktor schrumpfen, um den auch die Zeit verlangsamt wird. Somit besagt die ART auch, dass sich in einem Gravitationsfeld Maßstäbe verkürzen.

Für eine Längenveränderung in einem inhomogenen Feld einer großen Masse ergibt sich folgender Zusammenhang:

$$L_A = L_B \cdot \left(1 - \frac{G \cdot M}{c^2 \cdot r}\right)$$

Diese Formel ist grundsätzlich gleich wie die der Zeitänderung in einem inhomogenen Feld einer großen Masse. In dieser Formel steht jedoch LA für die Länge eines Maßstabs in der Nähe und LB für die Länge eines Maßstabs in weiter Entfernung einer Masse (vgl.: Apolin, 2008, S. 45).

4. SCHWARZE LÖCHER

Schwarze Löcher spielen in manchen Theorien über Zeitreisen eine große Rolle. Auf diese wird im Verlauf der Arbeit noch näher eingegangen. Die folgenden Informationen sollten erklären, wie diese Objekte entstehen, wie sie aufgebaut sind und sie nachgewiesen werden können.

Sterne werden in ihrem Endstadium zu Roten Riesen und je nach Masse entwickeln sie sich zu Weißen Zwergen, Neutronensternen oder Schwarzen Löchern. Wenn die Masse eines Sterns mehrere Sonnenmassen beträgt, fällt er in sich zusammen und zwar bis zu einem Punkt, in dem die Dichte unendlich hoch ist. Innerhalb des Schwarzschildradius, benannt nach dem deutschen Astronomen Karl Schwarzschild, kann aufgrund seiner starken Gravitation nichts entkommen, nicht einmal Licht. Deswegen werden diese Objekte Schwarze Löcher genannt. (vgl.: Apolin, 2008, S. 50).

Um Schwarze Löcher nachzuweisen ist die kinematische Methode eine aussichtsreiche Vorgehensweise. Hierbei werden die Bahnen sichtbarer Körper untersucht und dann auf die Eigenschaften unsichtbarer Körper geschlossen. Auch mit Hilfe von sogenannten Akkretionsscheiben, die sich rund um das Schwarze Loch bilden, könnten sie indirekt nachgewiesen werden. Diese Scheiben geben eine höchst energiereiche Strahlung ab (vgl.: Apolin, 2008, S. 51). Eine weitere Möglichkeit bietet die sogenannte Hawking-Strahlung, benannt nach dem englischen Physiker Stephen Hawking. Er postulierte, dass Schwarze Löcher nicht ewig existieren müssen. Wenn sich nämlich nahe des Schwarzschildradius eines Schwarzen Loches ein Paar aus einem Positron und einem Elektron bildet, könnte es dazukommen, dass eines der Teilchen in das Schwarze Loch hineinfällt und das andere entkommt. Somit müsste dessen Masse um den Wert der Masse des Teilchens, das entkommen ist, reduziert werden, bis sich das Schwarze Loch ganz auflöst (vgl.: Jaros/ Nussbaumer/ Nussbaumer/ Kunze, 2007, S. 98). Weiteres gilt als Erkenntnis aus der ART: je dichter ein Objekt ist, desto mehr krümmt sich die Raumzeit in der Nähe des Objektes. Die Raumkrümmung bei einem Schwarzen Loch wird unendlich groß. Man kann sich dieses Phänomen als Trichter mit vertikalen Wänden vorstellen (siehe Abb. 1) (vgl.: Apolin, 2008, S. 51).

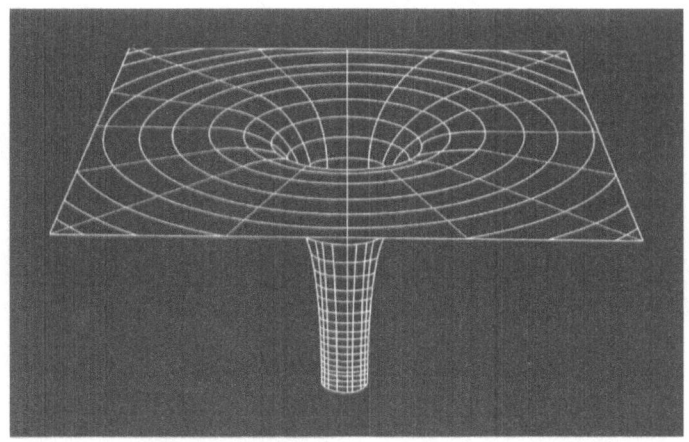

Abbildung 1: Raumkrümmung Schwarzer Löcher

Im April 2017 haben Wissenschaftler mit Hilfe von acht Radioteleskopen, die sich an verschiedenen Positionen auf der Welt befinden, das Schwarze Loch im Zentrum der Galaxie M87 fotografiert. Das daraus errechnete Falschfarbenbild (siehe Abb. 2) zeigt natürlich nicht das Schwarze Loch selbst, sondern nur dessen Umgebung (vgl.: Gast, https://www.spektrum.de/magazin/ins-herz-der-finsternis-das-erste-bild-eines-schwarzen-lochs/1647844 [Zugriff: 06.09.2019]).

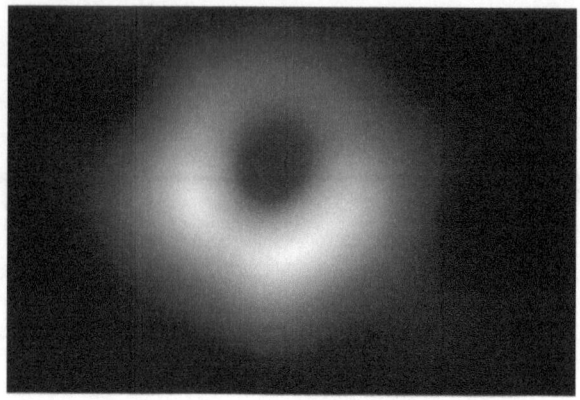

Abbildung 2: Das erste Bild eins Schwarzen Lochs

5. DIE ZEIT

Die Zeit scheint im Alltag unbeeinflussbar, denn man kann sie nicht einfach aufhalten oder beschleunigen. Da sie gleichförmig vergeht und man sie nicht beeinflussen kann, wird diese Zeit auch als absolute Zeit bezeichnet. Zeit ist keine Substanz (keine Materie), jedoch wird sie mit Hilfe von Uhren, die materielle Gegenstände sind, gemessen. Für die Menschen auf der Erde ist die Zeit, gemeinsam mit dem Raum, eine maßgebliche Größe, obwohl Raum und Zeit sehr verschieden sind (vgl.: Müller, 2016, S. 2).

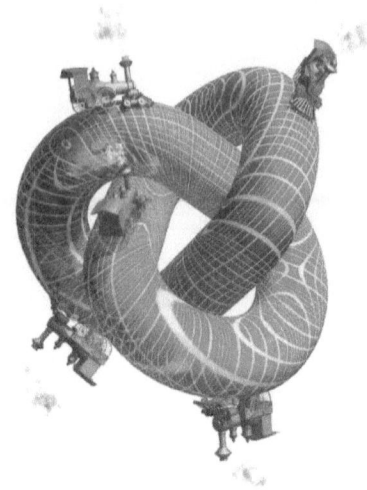

Abbildung 3: Form und Richtung der Zeit

Abb. 3 zeigt die Zusammengehörigkeit von Raum und Zeit wie Einsteins Relativitätstheorie sie vorausgesagt hat. Der Raum kann nicht gekrümmt werden, wenn man die Zeit nicht ebenfalls miteinbezieht. Die Zeit hat somit auch eine Art Form, wie der Raum. Die Lokomotiven in der Abbildung zeigen jedoch, dass die Zeit nur eine Richtung hat, da sie nur in eine Richtung fahren (vgl.: Hawking, 2016, S.41).

5.1 Die Zeitpfeile

Der Raum besteht aus drei Dimensionen, in denen sich alles in alle Richtungen bewegen kann. Die Zeit hingegen verläuft nur in eine Richtung: die Zukunft. Diese Eigenschaft der Zeit wird auch Zeitpfeil genannt. Um dies zu verstehen hilft eine Größe im

zweiten Hauptsatz der Thermodynamik (Wärmelehre). Dieser Hauptsatz besagt, dass die Entropie,
das Maß für die Unordnung in einem System, das
abgeschlossen ist, nie abnimmt. Sie kann nur entweder gleich bleiben oder vor allem zunehmen. Die
Entropie kann mit Hilfe eines einfachen Gedanken-
experiments aus dem Alltag beschrieben werden
(vgl.: Müller, 2016, S. 2 f.). Wenn eine Tasse auf
einem Tisch steht, befindet sie sich in einem Zustand mit hoher Ordnung hat also eine geringe Entropie (vgl.: Müller, 2016, S. 3 f.). Wenn nun die Tasse
vom Tisch hinunterfällt und am Boden zerbricht,
so hat sich ihr Zustand von einer hohen Ordnung
in eine hohe Unordnung verwandelt. Die Entropie
der Tasse hat also zugenommen. Wenn nun jedoch
die zerbrochene Tasse wieder zu einer ganzen werden sollte, funktioniert dies nicht so einfach. Sie
kann zwar wieder zusammengeklebt werden, jedoch muss dadurch Energie aufgewendet werden
und somit würde am Ende, wegen des Einsatzes der
Energie, das Ergebnis trotzdem eine Zunahme der
Entropie anzeigen (vgl.: Müller, 2016, S. 4).

Da diese Methode zur Berechnung der Zeitrichtung
mit Hilfe der Wärmelehre Begründet werden kann
nennt man diesen daraus resultierenden Zeitpfeil
auch thermodynamischer Zeitpfeil. Bezogen auf
das Weltall nimmt die Entropie ebenfalls stetig
zu und der Begriff eines thermodynamischen Zeit-
pfeils transformiert sich zu dem Begriff kosmolo-
gischer Zeitpfeil. Jedoch ist noch nicht sicher, ob

unser Universum wirklich ein abgeschlossenes System bildet (vgl.: Müller, 2016, S. 5).

Es gibt insgesamt zumindest drei Zeitpfeile. Den eben genannten thermodynamischen und kosmologischen Pfeil und noch den psychologischen Pfeil. Abb. 4 zeigt die drei erwähnten Zeitpfeile (vgl.: Hawking, 2019, S. 187).

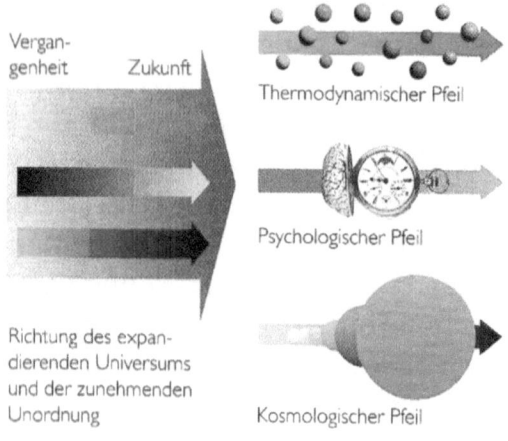

Abbildung 4: Die Zeitpfeile

Der psychologische Zeitpfeil kann mit dem thermodynamischen Pfeil so gut wie gleichgesetzt werden. Der psychologische Zeitpfeil steht für das Vergehen der Zeit so wie wir als Menschen es wahrnehmen. Er beschreibt auch, dass wir uns nur an die Vergangenheit erinnern können und nicht an die Zukunft (vgl.: Hawking, 2018, S.187 f.). Mit Hilfe von Computern lässt sich der psychologische Pfeil erklären, denn dieser sollte für Computer der gleiche sein wie für einen Menschen. Ein Speicher eines Computers besteht aus Bausteinen die zwei Zustände einnehmen können. Vergleichbar ist dies mit einem Abakus. Hier können einzelne Kugeln nur entweder auf die rechte oder die linke Seite gerückt werden. Bevor auf einem Computer etwas gespeichert wird, befindet sich diese Information in einem Zustand von Unordnung (vgl.: Hawking, 2018, S. 189). Wenn nun eine Wechselwirkung des Computergedächtnisses mit dem zu speichernden System geschieht, nimmt es, wie die Abakuskugeln, den einen Zustand oder den anderen an. Das Speichersystem des Computers hat sich also in einen geordneten Zustand verwandelt. Um zum Schluss den Speicher noch in den richtigen Zustand zu bringen muss man Energie aufwenden. Bei dem Abakus muss man eine Kugel bewegen, einen Computer muss man mit Elektrizität versorgen. Diese zugeführte Energie wandelt sich in Wärme um, die abgegeben wird und die Unordnung in dem System wird erhöht. Die Zeitrichtung für die Entropie ist gleich wie die Zeitrichtung einer Erinnerung eines Menschen, da wir uns an Ereignisse in einer bestimmten (aufsteigenden) Reihenfolge erinnern, genauso wie die Entropie zunimmt. Daraus folgt, dass der thermodynamische Zeitpfeil unser Gefühl für die Zeitrichtung (also den psychologischen Zeitpfeil) bestimmt.

Der oben schon erwähnte Kosmologische Zeitpfeil steht für die Expansion des Universums (vgl.: Hawking, 2018, S. 190). Da das Universum aus einer Urknall-Singularität entstanden ist, kann nicht mit absoluter Sicherheit gesagt werden, wie es begonnen hat, denn die Naturgesetze verlieren bei Singularitäten ihre Gültigkeit. Es ist aber wahrscheinlich, dass es in einem Zustand mit niedriger Entropie begonnen hat. Dies würde auch darauf hinweisen, weshalb heute ein genau definierter thermodynamischer Zeitpfeil beobachtbar ist. Wenn das Universum hingegen in einem bereits ungeordneten Zustand begonnen hätte, könnte die Entropie kaum mehr zunehmen. Dies würde dazu führen, dass kein thermodynamischer Zeitpfeil festlegbar ist. Bei einer Abnahme der Entropie würde der kosmologische Pfeil entgegengesetzt des thermodynamischen Pfeils gerichtet sein. (vgl.: Hawking, 2018, S. 191).

5.2 Die Raumzeit

Eine weitere Errungenschaft Albert Einsteins ist die Entdeckung der bestehenden Beziehung zwischen Raum und Zeit. 1908 hat schon der deutsche Physiker Hermann Minkowski bei einem Vortrag diese Einheit postuliert. Er sagte: „Von Stund' an sollen Raum für sich und Zeit für sich völlig zu Schatten herabsinken und nur noch eine Art Union der beiden soll Selbstständigkeit bewahren." (vgl.: Müller, 2016, S. 8). Er nannte diese Union Raum-Zeit-Kontinuum oder eher unter dem Namen Raumzeit bekannt. Die ART Einsteins beschreibt, dass wir in einer dynamischen, gekrümmten und vierdimensionalen Raumzeit leben. Eine Raumzeit wird in der ART von vier Dimensionen aufgespannt, nämlich durch Höhe, Länge, Breite und die Zeit. In der SRT handelt es sich um eine flache Raumzeit, also eine zweidimensionale Ebene wie ein Schachbrett. Im Gegensatz dazu ist in der ART die Raumzeit durch Massen gekrümmt (vgl.: Müller, 2016 S. 12).

Jeder Himmelskörper hat seine eigene Raumzeit und das ganze Universum kann man durch eine einzige Raumzeit beschreiben, die man Friedmann-Universum nennt (vgl.: Müller, 2016, S. 9). Diese Raumzeiten können durch komplexe mathematische Gleichungen aus Albert Einsteins ART berechnet werden, welche die Einstein'schen Feldgleichungen genannt werden. Lösungen dieser im November 1915 veröffentlichten Gleichungen sind Raumzeiten. Die erste und wichtigste Lösung der Feldgleichungen, die sogenannte Schwarzschild-Lösung, fand Karl Schwarzschild 1916. Sie dient zur Beschreibung der Gravitation von Planeten, Sternen und von elektrisch neutralen nicht rotierenden Schwarzen Löchern. (vgl.: Müller, 2016, S. 10).

6.
ZEITMASCHINEN

In der Vergangenheit wurden schon viele Vorschläge von Physikern gemacht, wie eine Maschine aussehen und funktionieren könnte, mit der Menschen durch die Zeit reisen könnten. Einige Ideen wurden abgelehnt, da sie den Gleichungen Einsteins widersprachen und physikalisch nicht belegbar gewesen sind. Jedoch gibt es auch einige Konzepte, die eventuell irgendwann in die Praxis umsetzbar sein könnten (vgl.: Kaku, 2017, S. 387).

6.1 Speziell-relativistische Turbokapsel

Dieses Konzept einer Zeitmaschine funktioniert mit Hilfe sehr hoher Geschwindigkeiten. Wir bewegen uns hier im Bereich der Lichtgeschwindigkeit. Sie basiert unter anderem auf dem Prinzip der speziell relativistischen Zeitdehnung aus der SRT.

Wenn man eine Raumkapsel auf Geschwindigkeiten nahe der Lichtgeschwindigkeit beschleunigen möchte, erweist sich dies als so gut wie unmöglich, da die Masse der Kapsel unendlich groß wäre und der Zeitdehnungseffekt würde immens zunehmen. Angenommen dies wäre technisch möglich, könnte von einem Zeitdehnungsfaktor von ca. zehn ausgegangen werden. Wenn es funktionieren würde, die Relativgeschwindigkeit, welche sich nahe der Lichtgeschwindigkeit befinden würde, einer Kapsel für eine Stunde zu erhalten, würde ein Zeitreisender in der Raumkapsel um den Faktor zehn weniger altern.

Auf der Erde würden 60 Minuten vergehen während für den Zeitreisenden gerade einmal sechs Minuten vergangen wären. Der Zeitreisende wäre also um 54 Minuten in die Zukunft gereist.

Ein Raumschiff auf solch hohe Geschwindigkeiten zu beschleunigen bringt aber einige Probleme in den Bereichen Technik, Energie und Sicherheit mit sich (vgl.: Müller, 2016, S. 34). In Bezug auf den Aufwand an Energie kann als Beispiel der Teilchenbeschleuniger LHC (Large Hadron Collider) am CERN in Genf genommen werden. In einem ringförmigen Teilchenbeschleuniger werden Bleiionen oder Protonen auf relativistische Geschwindigkeiten gebracht. Hierbei werden Magnetfelder mit einer Feldstärke von 8 Tesla erzeugt (vgl.: Müller,

2016, S. 34 f.). Für makroskopische Objekte wie beispielsweise eine Raumkapsel mit einem Menschen darin können solche Verfahren heute noch nicht angewandt werden, da der Energieaufwand viel zu hoch wäre. Solche Hochenergieexperimente sind in Bezug auf Zeitreisen ein sehr großer Schritt in die richtige Richtung.

Die höchste Geschwindigkeit, mit der man makroskopische Objekte wie Beispielsweise Raumsonden bis jetzt beschleunigt hat, liegt knapp über der Fluchtgeschwindigkeit der Erde, die etwa 40.000 km/h beträgt (vgl.: Müller, 2016, S. 37). Um im All mit einer Raumsonde schneller zu fliegen gibt es das sogenannte Swing-by-Manöver. Hierbei wird eine Raumsonde auf einen Planeten zugesteuert und durch dessen Schwerkraft beschleunigt.

Wenn man eine Kapsel beschleunigen möchte, bringt nicht nur die Masse, sondern Vor allem die Geschwindigkeit ein großes Problem mit sich, denn wenn sich ein Körper mit doppelter Geschwindigkeit bewegt, benötigt man vier Mal so viel Bewegungsenergie um ihn auf höhere Geschwindigkeiten zu bringen (vgl.: Müller, 2016, S. 38). Bei Massen ist der Trägheitssatz, nach dem alle Körper die in Bewegung sind in Bewegung bleiben und alle die in Ruhe sind in Ruhe bleiben möchten, verantwortlich für die Schwierigkeit der Beschleunigung. Die Trägheit ist umso größer, je größer eine Masse ist. Zusätzlich gilt auch: je schneller eine Masse ist, desto schwieriger ist es diese noch mehr zu beschleunigen.

Weiters bringen Reisen mit hohen Geschwindigkeiten immer Sicherheitsrisiken mit sich. Je schneller sich ein Objekt bewegt, desto schwieriger ist es dieses auch sicher zu lenken. Diesen Effekt kann man auch beim Autofahren spüren, wenn man mit zum Beispiel fast 200 km/h fährt. Ein Objekt, das sich mit beinahe Lichtgeschwindigkeit bewegt ist natürlich sehr schwierig zu manövrieren (vgl.: Müller, 2016, S. 39). Deswegen ist es besser, wenn man eine Raumkapsel für ein solches Unternehmen kreisförmig, also wie in einem Teilchenbeschleuniger, und nicht linear beschleunigt. Doch die Raumkapsel würde immer schneller, die Zentrifugalkraft würde größer und das in der Spur halten der Kapsel immer schwieriger. Auch darf man nicht überlegen wo man hinfliegt, denn bei relativistischen Geschwindigkeiten zu überlegen, ob man nach rechts oder links abbiegen muss, könnte fatal enden.

Zudem können bei so hohen Geschwindigkeiten schon kleinste Mikropartikel, die im interstellaren Raum zahlreich vorhanden sind, zu einem großen Problem werden (vgl.: Müller, 2016, S. 40). Die Partikel haben hohe Bewegungsenergien und können somit, großen Schaden anrichten und die Turbokapsel zerstören.

Dazu kommt noch das Problem der elektromagnetischen Strahlung, die bei relativistischen Geschwindigkeiten sehr gefährlich werden kann.

Grund dafür ist der Doppler-Effekt. Ein Astronaut in einem Raumschiff nimmt die entgegenkommende Strahlung intensiver und bei kürzeren Wellenlängen wahr. Bei relativistischen Geschwindigkeiten verschiebt sich auch die Umgebungsstrahlung und die Raumkapsel mit dem Astronauten würde somit von der höchst gefährlichen Gammastrahlung durchbohrt werden (vgl.: Müller, 2016, S. 41).

Abb. 5 zeigt, wie sich die Umgebung bei relativistischen Bewegungen verändert. Umso schneller man sich fortbewegt, desto mehr kann der Raumfahrer das beobachten, was sich entgegengesetzt zu seiner Bewegungsrichtung befindet (Abb. 5 b). Dies erklärt auch, weshalb die Strahlung von vorne intensiver wird, da alle Lichtteilchen vorne am Raumschiff auftreffen. Der Effekt der dabei entsteht nennt man speziell relativistische Lichtaberration oder Beaming-Effekt (vgl.: Müller, 2016, S. 43 f.).

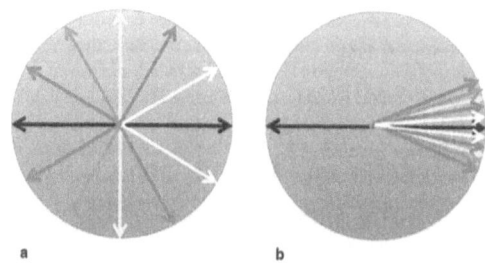

Abbildung 5: Doppler-Effekt bei relativistischen Geschwindigkeiten

Mit einer Turbokapsel durch den Raum zu fliegen und somit in die Zukunft zu reisen, erweist sich also heute als nicht erfüllbare Herausforderung. Tech-

nik, Sicherheit und Steuerung der Kapsel ermögli-
chen es nicht eine solche Zeitmaschine zu bauen
bzw. zu nutzen. (vgl.: Müller, 2016, S. 43).

6.2 Allgemein-relativis-
tische Parkkapsel

Dieses Konzept für eine Zeitmaschine basiert auf
dem Prinzip der Zeitdilatation aus der ART, bei der
die Zeit in der Nähe großer Massen langsamer vergeht. Ein Zeitreisender würde zu einem Objekt mit
großer Masse, zum Beispiel einem Schwarzen Loch
mit einem entsprechenden Fluggerät reisen und
dort für längere Zeit auf dessen Oberfläche bzw. im
Bereich des Ereignishorizonts verweilen. Wenn der
Zeitreisende sich dann wieder von dem Objekt entfernt, ist er in die Zukunft gereist, da er dann wieder
in jene Bereiche kommt, in denen die Zeit schneller
vergangen ist (vgl.: Müller, 2016, S. 49).

6.2.1 Zeitreisen mit Hilfe verschiedener
Objekte im Universum

Die untenstehende Tabelle zeigt die Zeitdilatation
auf der Oberfläche Verschiedener Körper. Die letzte
Spalte gibt das Vergehen der Zeit auf der Oberfläche
der Objekte an während in einem Referenzsystem,
das sich unendlich weit von dem Objekt entfernt
befindet, 60 Sekunden vergehen (vgl.: Müller, 2016,
S. 49f). Wie man aus der Tabelle erkennen kann, ist
die Masse der Erde für eine Zeitreise nicht geeignet,

denn während in dem Referenzsystem 60 Sekunden vergehen, vergehen auf der Erde 59,99999996 Sekunden. Ein Zeitreisender würde also gerade einmal um 0,00000004 Sekunden in die Zukunft reisen. Hingegen am Ereignishorizont, der Oberfläche, eines Schwarzen Lochs bleibt die Zeit stehen. Um also einen vernünftigen Effekt zu erreichen braucht man mindestens einen Neutronenstern oder – natürlich die effektivste Methode – ein Schwarzes Loch.

„

Objekt	Masse (kg)	Radius der Oberfläche (km)	Gravitativer Zeitdehnungseffekt	Zeitintervall Δt
Erde	$6 \cdot 10^{24}$	6367	≈ 1	59,99999996
Jupiter	$2 \cdot 10^{27}$	70.000	0,99999998	59,9999988
Sonne	$2 \cdot 10^{30}$	700.000	0,999998	59,99987
Weißer Zwerg	$2 \cdot 10^{30}$	5000	0,9997	59,9823
Neutronenstern	$4 \cdot 10^{30}$	10	0,64	38,39
Schwarzes Loch	$10 \cdot 10^{30}$	15	0	0

" (vgl.: Müller, 2016, S. 50 f.)

6.2.2 Zeitreisen mit Hilfe eines Neutronensterns bzw. eines Schwarzen Lochs

Angenommen ein Zeitreisender verbringt ein Jahr auf der Oberfläche eines Neutronensterns dann würde er um ein Jahr in die Zukunft reisen, da in weiter Entfernung von dem Neutronenstern die doppelte Zeit vergangen ist. Jedoch entstehen hierbei natürlich enorme technische, gesundheitliche und zeitliche Probleme. Die nächsten Neutronensterne sind einige hundert Lichtjahre entfernt. Also wäre man selbst mit fortschrittlicher Raketen-technologie sehr lange unterwegs, um überhaupt zu einem Neutronenstern zu gelangen. Wenn man sich mit seiner Zeitmaschine mit relativistischen Geschwindigkeiten fortbewegen würde, entstünde wiederum das Problem der interstellaren Mikro-partikel und der gefährlichen Strahlung, die auf-grund des Doppler-Effekts blauverschoben ist, da sie sich auf die Raumkapsel zubewegt. In den 1970er-Jahren hatte sich die Britische Interplane-tare Gesellschaft mit ihrem Daedalus-Projekt zum Ziel gesetzt, eine geeignete Raumkapsel für solche interstellare Reisen zu verwirklichen. Das Projekt wurde nie realisiert, da sowohl die technischen als auch finanziellen Hürden unüberbrückbar erschie-nen (vgl.: Müller, 2016, S. 51f).

Wenn man nun aber annimmt, dass man mit einem Raumschiff einen Neutronenstern erreichen könnte, bestünde das Problem der Landung. Da die Gravitationskräfte so gewaltig sind, wäre es äu-ßerst schwierig sanft auf der Oberfläche zu landen. Auf einem Neutronenstern beträgt die Schwere-beschleunigung nämlich, verglichen mit der Erde, etwa 100 Milliarden g, während g der Schwerebe-schleunigung der Erde entspricht, die ca. $10 m/s^2$ beträgt. Ein Absturz wäre also mit dem heutigen Stand der Technik nicht zu vermeiden (vgl.: Müller, 2016, S. 52).

Wenn diese technischen Hürden zu überwältigen wären, wäre man als Zeitreisender auf der Oberfläche eines Neutronensterns wieder sehr gefährlicher Strahlung ausgesetzt.

Einerseits Strahlung, die um den Neutronenstern entsteht und zum anderen gelangt Strahlung aus der weiteren Umgebung auf den Neutronenstern. Ein zusätzliches Problem wäre, dass ein Astronaut von den immens starken Gravitationskräften buchstäblich zerquetscht werden würde.

Einmal angenommen man überstünde all diese Strapazen und schafft es, auf der Oberfläche zu landen und dort einige Zeit zu „parken", wie würde es gelingen, den Neutronenstern wieder zu verlassen? Die Fluchtgeschwindigkeit, die bei einem Neutronenstern etwa drei Viertel der Lichtgeschwindigkeit beträgt, müsste wie bei der Landung wieder immens groß sein (vgl.: Müller, 2016, S. 53 f.).

Bei Schwarzen Löchern entstünden für einen Zeitreisenden dieselben Probleme wie oben geschildert, aber auf diesen Objekten wären sie sogar noch extremer. Vor allem das „Parken" würde sich als besonders schwierig erweisen, denn Schwarze Löcher haben, nicht wie Neutronensterne, keine feste Oberfläche (vgl.: Müller, 2016, S. 54).

Ein solches „Parken" auf einem Objekt mit großer Masse, um in die Zukunft zu reisen ist also im Gedankenexperiment theoretisch zwar möglich, aber von einer praktischen Umsetzbarkeit sind wir noch sehr weit entfernt (vgl.: Müller, 2016, S. 57).

6.3 Wurmlöcher

Wurmlöcher sind Konstrukte der theoretischen Physik, die wie ein Tunnel eine Verbindung in der Raumzeit darstellen. Man könnte mit ihrer Hilfe also durch den Raum und womöglich gleichzeitig durch die Zeit reisen (vgl.: Vaas, S. 167 f.). Der Name ist etwas trügerisch, denn ein Wurmloch ist nicht leer wie ein Loch, sondern es besteht aus Raum (vgl.: Vaas, 2013, S. 178). 1935 hat Einstein gemeinsam mit dem amerikanischen Physiker Nathan Rosen einen Artikel veröffentlicht, welcher nachweist, dass die ART Wurmlöcher, damals noch als „Brücken" bezeichnet, erlaubt (vgl.: Hawking, 2018, S. 205). Ihr Name wurde von dem amerikanischen Physiker John Archibald Wheeler geprägt. Er nannte die Objekte Wurmlöcher, da er sie mit einem durch einen Apfel kriechenden Wurm verglich. Der Weg bzw. der Kanal, durch den sich der Wurm hindurchbeißt, gleicht der Vorstellung eines Wurmlochs (vgl.: Vaas, 2013, S. 166).

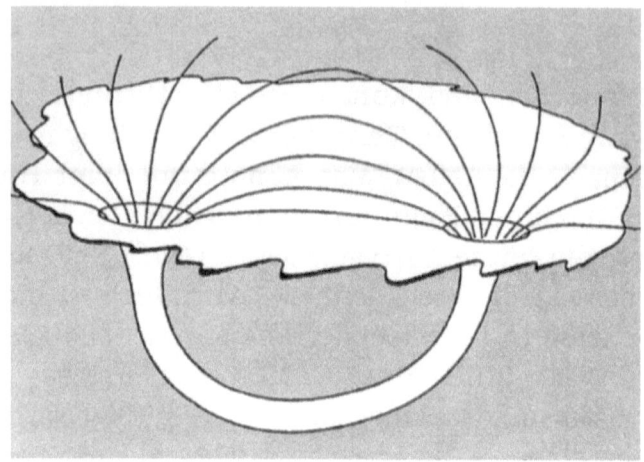

Abbildung 6: Die erste Zeichnung eines Wurmlochs

Abb. 6 ist der erste Entwurf eines Wurmlochs
den Wheeler 1955 erstellt hat (vgl.: Vaas, 2013, S.
168). Wheeler ging davon aus, dass Wurmlöcher
der Raumzeit eine Struktur verleihen würden, die
„schaumartig" ist. Jedoch geschieht dies nur auf
sehr kleinen Skalen. Somit führte Wheeler das Konzept eines sogenannten Raumzeit-Schaums ein, in
Welchem Wurmlöcher ein Bestandteil sind (vgl.:
Vaas, 2013, S. 169). Obwohl sie bisher nur auf dem
Papier existieren, hat der amerikanische Physiker
Kip Thorne herausgefunden, dass die Relativitätstheorie Einsteins durchaus Wurmlöcher und somit
„überlichtschnelle" Reisen erlauben würde. (vgl.:
Vaas, 2013, S. 166).

Bei einem Wurmloch könnte ein Schwarzes Loch

den Eingang und ein sogenanntes Weißes Loch den Ausgang bilden. Ein Weißes Loch ist der Antagonist zu einem Schwarzen Loch – es fliegt also alles aus ihm heraus. Durch die Umkehrung der Zeitrichtung in der ART erhält man eine Lösung der Feldgleichungen, die auf Weiße Löcher hinweist (vgl.: Müller, 2016, S. 58). Weiße Löcher können keine Materie aufnehmen, sondern nur Materie emittieren. Deswegen vermuten manche Physiker auch, dass der Urknall ein Weißes Loch gewesen ist. Die Existenz dieser Objekte konnte jedoch noch nicht nachgewiesen werden, da sie sehr instabil wären und sich sehr schnell zu Schwarzen Löchern umwandeln würden (vgl.: Vaas, 2013, S. 52).

6.3.1 Voraussetzungen für ein Wurmloch

Um mit einem Wurmloch durch Raum und Zeit zu reisen wären einige wichtige Voraussetzungen nötig. Es darf sich nicht bewegen, es muss stabil sein und ein Ereignishorizont darf es nicht umhüllen, ansonsten wäre man in dem Wurmloch gefangen. Weiteres müssten die Gravitationskräfte in dem Wurmloch klein sein, da der Reisende sonst zerrissen würde (vgl.: Vaas, 2013, S. 172). Zuletzt sollten Energie und Materie nicht in „unendlichem" Ausmaß benötigt werden. Kip Thorne und Michael Morris fanden tatsächlich eine Lösung für die Einstein-Gleichungen, die die Existenz von Wurmlöchern nicht ausschließt. Die Geometrie dieser Lösung kann man sich ähnlich wie eine Sanduhr vorstellen (vgl.: Vaas, 2013, S. 173.).

6.3.2 Der Bau eines Wurmlochs

Um durch ein Wurmloch zu reisen, muss man zuerst eines entdecken oder konstruieren. Man könnte zum Beispiel ein Wurmloch, das sich in dem Raumzeit-Schaum verbirgt so vergrößern, dass beispielsweise ein Mensch oder ein anderer makroskopischer Körper hindurchpasst. Eine weitere Methode ein solches Objekt zu „bauen" bestünde darin, die Raumzeit zu verformen, sie aufzuschneiden und die dadurch entstehenden offenen Ränder miteinander zu verbinden.

Die größte Schwierigkeit ein Wurmloch als Zeitmaschine zu verwenden wäre, die Öffnung, den sogenannten Schlund, stabil und offen zu halten. Wurmlöcher wären sehr instabile Objekte, jedoch könnten sie unmittelbar nach dem Urknall von sogenannten Kosmischen Strings mit Hilfe negativer Masse stabilisiert worden sein und noch immer existieren. (vgl.: Vaas, 2013, S. 175 f.). Kosmische Strings sind sehr lange Fäden, die einen extrem kleinen Querschnitt besitzen und sich auf Grund ihrer hohen Spannung mit beinahe Lichtgeschwindigkeit fortbewegen könnten. Sie könnten sich nur kurze Zeit nach dem Urknall gebildet haben (vgl.: Hawking, 2018, S. 157).

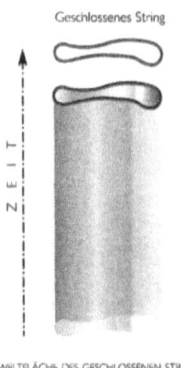

Offenes String

Geschlossenes String

ZEIT

ZEIT

WELTFLÄCHE DES OFFENEN STRING

WELTFLÄCHE DES GESCHLOSSENEN STRING

Abbildung 7: Strings und deren Weltfläche

In Abb. 7 sieht man links ein offenes String mit dessen Weltfläche. Rechts ist ein geschlossenes String und seine Weltfläche zu sehen, die eine Art Röhre bzw. Zylinder bildet (vgl.: Hawking, 2019, S. 217).

Um ein Wurmloch offen zu halten, wird ein sehr spezielles Material benötigt nämlich sogenannte exotische Materie, die eine negative Masse bzw. Energiedichte aufweist, denn somit kann eine gravitative Abstoßung in dem Tunnel entstehen (vgl.: Vaas, 2013, S. 176). Abb. 8 zeigt den Unterschied zwischen gewöhnlicher und exotischer Materie. Die Oberfläche einer Kugel (wie beispielsweise der Erde) ist nach außen gekrümmt, es handelt sich somit um gewöhnliche Materie wie in Abb. 8 oben dargestellt. Ein Wurmloch muss sich jedoch nach innen wölben. Abb. 8 unten stellt die Wölbung durch exotische Materie dar. Diese negative Krümmung ähnelt einem Sattel. (vgl.: Hawking, 2019, S.

204).

Abbildung 8: Positive und negative Krümmung von Oberflächen

Um zu verhindern, dass das Wurmloch durch beispielsweise ein passierendes Raumschiff einstürzt
bzw. auseinanderreißt (siehe Abb. 9) benötigt es
somit die exotische Materie um einen negativen
Druck aufzubauen und das Wurmloch stabil zu halten (vgl.: Vaas, 2013, S. 176).

Abbildung 9: Einstein-Rosen-Brücke

Die exotische Materie kann unter speziellen Bedingungen rechnerisch bewiesen werden. Und zwar mit Hilfe des sogenannten Casimir-Effekts benannt nach dem Physiker Hendrick Casimir. Zwei parallel zueinander im Vakuum stehende, elektrisch nicht geladene. Metallplatten weisen eine Kraft auf, die Casimir-Kraft, die nur quantenphysikalisch erklärt werden kann (vgl.: Müller, 2016, S. 69 f.). Zwischen den Platten im anscheinend leeren Vakuum fluktuieren Teilchen-Antiteilchen-Paare. Sie tauchen gemeinsam auf, entfernen sich voneinander und vernichten sich schlussendlich gegenseitig, wie in Abb. 10 dargestellt.

Abbildung 10: Teilchen-Antiteilchen-Paare

Die Teilchen-Antiteilchen-Paare können nicht direkt mit einem Teilchendetektor gemessen werden und werden daher als virtuell bezeichnet (vgl.: Hawking, 2018, S. 161). Zwischen die Metallplatten passen nur elektromagnetische Felder mit einer Frequenz, die ein Vielfaches des Abstandes zwischen den Platten darstellt. Diese Bedingung gilt aber nicht für die Umgebung außerhalb dieser Platten (vgl.: Müller, 2016, S. 70). Es gibt somit innerhalb der Platten weniger virtuelle Teilchen (auch Vakuumfluktuationen genannt) als außerhalb (vgl.: Hawking, 2018, S. 161). Also müssen die elektromagnetischen Felder außerhalb der Platten diese mit

Hilfe der Casimir-Kraft zusammendrücken. Dieser Quanteneffekt wurde 1997 von dem Physiker Steve Lamoreaux nachgewiesen und es folgte daraus, dass es sich dabei um negative Energie handeln muss (vgl.: Müller, 2016, S. 70).

Man kann sich diese Teilchen-Antiteilchen-Paare auch als ein einziges Teilchen vorstellen, das sich in einer Zeitschleife durch die Raumzeit bewegt. Wenn sich ein solches Paar in die Zukunft, also vorwärtsbewegt, nennt man es Teilchen. Bei dem Fall, dass sich ein Paar in Richtung Vergangenheit bewegt wird es als Antiteilchen benannt, das sich in die Zukunft bewegt. Stephen Hawking postulierte, dass Schwarze Löcher gar nicht wirklich Schwarz sind und Strahlung und Teilchen emittieren. Bei dieser Emission handelt es sich um solche virtuellen Paare von Teilchen und Antiteilchen. Wenn dieses Paar nun in die Nähe eines Schwarzen Lochs kommt, fällt ein Partner des Paares hinein. Der andere Partner könnte wie in Abb. 11 illustriert der immensen Gravitationskraft entkommen und für einen außenstehenden, weit entfernten Beobachter so aussehen, als ob das Schwarze Loch das Teilchen emittiert hat (vgl.: Hawking, 2018, S. 210).

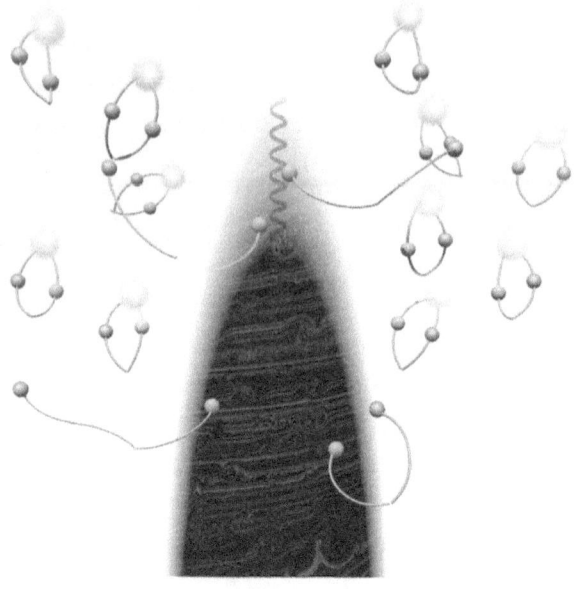

Abbildung 11: Teilchen-Antiteilchen-Paare bei einem Schwarzen Loch

Jedoch ist es auch legitim zu behaupten, dass der Partner, der in das Schwarze Loch hineingefallen ist, in der Zeit rückwärts reist und sich somit aus dem Schwarzen Loch herausbewegt. Am ursprünglichen Entstehungspunkt des virtuellen Teilchen-Antiteilchen-Paares bewirkt die Gravitation, dass das Paar zu einem Teilchen wird, welches sich in der Zeit nach vorne bewegt und somit aus dem Schwarzen Loch entkommt. Der Partner des Paares, der ins Schwarze Loch hineinfällt, könnte auch als Antiteilchen, das sich in die Vergangenheit bewegt, angesehen werden und dadurch dem Schwarzen Loch entkommen. Daraus folgt, dass die Strahlung

Schwarzer Löcher ein Hinweis dafür ist, dass die Quantentheorie auf der mikroskopischen Ebene Bewegungen in die Vergangenheit zulässt und diese auch beobachtbar sind. (vgl.: Hawking, 2018 S. 211).

Um nun Wurmlöcher aufzuspüren gibt es theoretisch zwei Wege. Zum einen, auf die oben schon erwähnte quantenmechanische Art, bei der Wurmlöcher aus dem Raumzeit-Schaum zum Vorschein gebracht werden oder auf eine klassische Art. Beim klassischen Weg würde die Raumzeit wie Knete verformt, ohne dass Risse entstehen. Jedoch ist es nur möglich, keine Risse entstehen zu lassen, wenn die Zeit ebenfalls verzerrt bzw. geformt wird. Wenn dies geschähe, müsste man sich gleichzeitig vorwärts und rückwärts in der Zeit bewegen können. Für eine kurze Zeitspanne müsste es somit möglich sein, zukünftige Ereignisse in die Vergangenheit zu transportieren – das Prinzip einer Zeitmaschine wäre somit erfüllt (vgl.: Vaas, 2013, S. 178). Wenn man diesen Weg wählt verbirgt sich dahinter jedoch ein großes Problem, nämlich eine sogenannte nackte Singularität. Dieser offene Rand entsteht in dem Zeitraum zwischen dem Aufschneiden der Raumzeit und dem wieder Zusammenfügen. Dieses Verformen der Raumzeit kann mit einem Ring verglichen werden, der aus einer Knetkugel geformt wird (vgl.: Vaas, 2013, S. 178f). Ein Wurmloch zu erschaffen wäre über quantenmechanische Wege etwas leichter, da keine Zeitschleifen oder Singularitäten entstünden. Jedoch wird hierfür eine Theorie der Quantengravitation benötigt, eine Vereinigung der ART und der Quantentheorie (vgl.: Vaas, 2013, S. 179).

Wie schon erwähnt könnten winzige Wurmlöcher auf der Planck-Skala im Quantenschaum existieren. Wenn man nun ein so kleines Wurmloch vergrößern und stabil halten möchte, benötigt man die sogenannte Inflation. Die Inflation im kosmischen Bereich bedeutet eine immens schnelle, in extrem kurzer Zeit ablaufende Ausdehnung des Raumes die auch unser Universum Sekundenbruchteile nach dem Urknall vergrößert habe. Diese Methode könnte man verwenden, aber das Problem bestünde darin, diese Inflation wieder aufzuhalten (vgl.: Vaas, 2013, S. 177 ff.).

Um ein Wurmloch aufzuspüren, könnte auch nach der exotischen Materie Ausschau gehalten werden. Sie würde das Licht ebenfalls beeinflussen wie massive Objekte, wie Schwarze Löcher, das Licht beeinflussen und somit beobachtbar werden. Wenn ein Bündel von Lichtstrahlen in ein Wurmloch hineinfällt „zieht" es sich zuerst zusammen und nach dem Austreten aus dem Tunnel dehnt es sich wieder aus. Ein Wurmloch hat also denselben Effekt wie eine Zerstreuungslinse. Das Gegenteil davon sind Schwarze Löcher die wie Sammellinsen wirken. Ebenso wie Schwarze Löcher erzeugen Wurmlöcher – verursacht durch die negative Masse am Schlund – einen Gravitationslinsen-Effekt. Dieses Phänomen wurde von Igor Novikov berechnet. Es würde dazu kommen, dass es – im Gegensatz zu durch normale Masse abgelenktes Licht – nicht nur einen einzigen Helligkeitsanstieg von Sternen gibt. Es bilden sich sogenannte Kaustiken was bedeutet, dass die Helligkeit eines Sterns, an dem ein Wurmloch vorbeifliegt, ansteigt, abfällt und wiederum ansteigt. (vgl.: Vaas, 2013, S. 182).

6.3.3 Zeitreisen mit Hilfe von Wurmlöchern

Man kann sich zwei Lichtstrahlen vorstellen. Der eine fliegt nicht durch ein Wurmloch, sondern nimmt den längeren Weg außen herum. Der zweite Lichtstrahl nimmt die Abkürzung durch das Wurmloch. Dieser Lichtstrahl wird schneller am Ziel sein und bei seiner Ankunft den Lichtstrahl beobachten, der außenherum geflogen ist, auch wenn dieser früher gestartet ist. Wenn man mit dem Lichtstrahl, der sich durch das Wurmloch bewegt hat, mitgeflogen wäre könnte man beim Austritt also in die Vergangenheit sehen. Unter Umständen könnte man sich sogar selbst zusehen, wie man die Reise vorbereitet hatte (vgl.: Müller, 2016, S. 64).

Zudem könnten Wurmlöcher eine sogenannte Weltlinie eines passierenden Raumschiffs, also den Weg des Raumschiffs durch die Raumzeit, so stark biegen, dass sie zu einem Ort in Zeit und Raum gebogen würde, an dem sie schon einmal war. Diese Schleife, die dabei entsteht, nennt man geschlossene Zeitartige Kurve oder Zeitschleife. Zeitartig steht für die Bahn, auch Geodäte genannt, die ein

Materieteilchen in der Relativitätstheorie aufweist (vgl.: Müller, 2016, S. 65).

Geschlossene Zeitartige Kurven wurden erstmals 1949 von dem österreichischen Mathematiker Kurt Gödel berechnet. Er fand eine Lösung der Feldgleichungen Einsteins die heute unter dem Namen Gödel-Lösung bekannt ist. Wie bereits erwähnt sind die Lösungen der Feldgleichungen Raumzeiten. Gödel beschreibt in seiner Lösung eine Raumzeit, in der das Universum rotiert (vgl.: Müller, 2016, S. 67 f.). Jedoch expandiert das Universum von Gödel nicht, weshalb seine Lösung verworfen werden musste. Aber es bringt trotzdem neue Einblicke in die Physik der Relativitätstheorie. Die ART ermöglicht es also theoretisch, durch geschlossene zeitartige Kurven in die Vergangenheit zu reisen (vgl.: Müller, 2016, S. 68).

Abb. 12 zeigt die Idee vom „Mitnehmen" des Endes eines Wurmloches auf eine Reise durch Raum und Zeit. Während ein Ende auf der Erde ist nimmt das Raumschiff das andere mit auf die Reise. Beim Zurückkommen ist bei der Öffnung, die das Raumschiff mit sich genommen hat, weniger Zeit vergangen, als bei der Öffnung auf der Erde. Man könnte somit, wenn man in die Wurmlochöffnung auf der Erde eintritt, zu einem früheren Zeitpunkt in der Öffnung im Raumschiff heraustreten (vgl.: Hawking, 2016, S. 145).

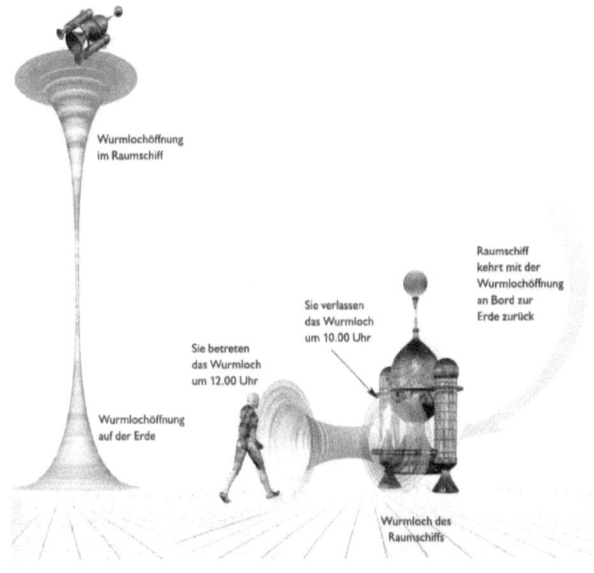

Abbildung 12: Das Prinzip von Wurmlöchern

6.3.4 Nachweis für ein Wurmloch?

Wurmlöcher wurden bisher empirisch noch nicht nachgewiesen, jedoch gibt es ein außergewöhnliches Phänomen, das sich im Sternbild Löwe zeigt und unter Umständen ein Indiz für ein Wurmloch sein könnte. Es handelt sich dabei um einen Gravitationslinsen-Effekt den Adam Bolton von der „University of Hawaii" und weitere Forscher entdeckt und mit dem Hubble-Weltraumteleskop aufgenommen hatten. Sie fanden einen Doppelring wie in Abb. 13 dargestellt.

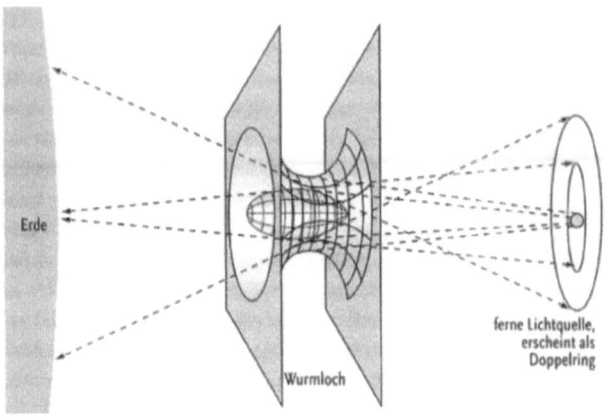

Abbildung 13: Gravitationslinseneffekt – Doppelring

Dieses Phänomen wurde von den Wissenschaftlern als doppelten Einstein-Ring gedeutet. Ein Einstein-Ring entsteht dadurch, dass eine Gravitationslinse genau vor einer Lichtquelle liegt und das Licht aus unserer Sicht aufgefächert wird wie zu einem Ring. Man kann dies nun als einfachen Doppellinsen-Effekt deuten, jedoch glaubt Pedro Gónzalez-Díaz vom Institut für Fundamentale Physik in Madrid, dass es sich hierbei vielmehr um ein Ringloch handelt, welches eine bestimmte Art von Wurmloch wäre (vgl.: Vaas, 2013, S. 184).

7. DAS KONZEPT DER SUMME ÜBER ALLE GESCHICHTEN

D er amerikanische Physiker Richard Feynman stellte die Hypothese auf, dass ein Teilchen mehrere Geschichten hat. Es bewegt sich auf vielen verschiedenen Bahnen durch das Raum-Zeit-Kontinuum wie in Abb. 14 visualisiert ist.

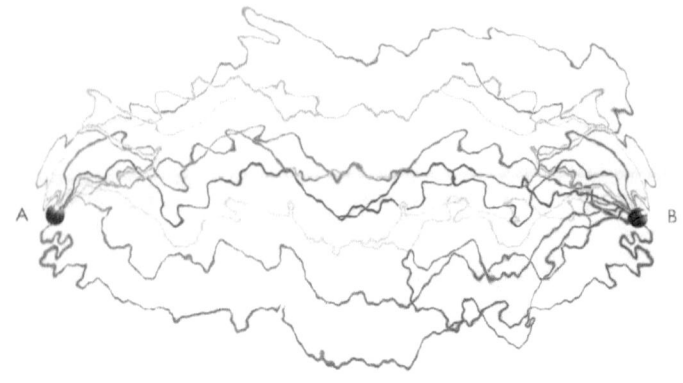

Abbildung 14: Die Aufsummierung von Möglichkeiten

Die Wahrscheinlichkeit für ein Teilchen sich von A nach B zu bewegen, berechnete Feynman dadurch, dass er alle Wellen, dessen Bahnen von A nach B führen zusammenzählte. Im Alltag kommt sein Konzept der „Summe über alle Geschichten" ebenfalls zum Einsatz, nämlich sorgt es dafür, dass sich bei makroskopischen Objekten alle Bahnen gegenseitig aufheben jedoch eine übrig bleibt. Somit haben wir das Gefühl, dass sich ein Ereignis auf einer Bahn von A nach B bewegt (vgl.: Hawking, 2016, S. 91).

Es muss die Summe aller Geschichten, die Raumzeiten sind, eines Teilchens berechnet werden. Somit auch solche, die mit den Gleichungen Einsteins nicht kompatibel sind, also auch Raumzeiten, die eine Krümmung aufweisen, die für Zeitreisen in die Vergangenheit in Frage kommen würden. Solche Geschichten wären zum Beispiel von Teilchen, die sich in einer geschlossenen zeitartigen Kurve bewegen, schneller als das Licht reisen, oder sich in der Zeit zurückbewegen. Es stellt sich heraus, dass, auf der mikroskopischen Skala, überall Zeitreisen stattfinden. (vgl.: Hawking, 2016, S. 155 f.).

8.

ZEITPARADOXIEN

Zeitreisen sind unter Physikern sehr umstritten, denn es können einige Paradoxien auftreten, wenn man durch die Zeit reist. Wenn jeder Mensch eine Zeitmaschine besitzen würde wie heute Autos, dann würde ein wahres „Zeitreise-Chaos" entstehen. Historisch wichtige Ereignisse könnten verändert werden und somit den Verlauf der Geschichte in eine andere Richtung lenken (vgl.: Kaku, 2017, S. 370 f.).

8.1 Das Großvaterparadoxon

Wenn man mit einem Raumschiff durch ein Wurmloch fliegen würde, könnte man, bevor man sich auf die Reise macht, zurückkommen (vgl.: Hawking, 2016, S. 143). Nun wäre es möglich, da man ja in die Vergangenheit gereist ist, sein eigenes Raumschiff zu zerstören bevor dieses zu seiner Reise aufbricht. Hierbei handelt es sich um das Sogenannte Großvaterparadoxon. Der Gedanke hinter dem Paradoxon ist, dass ein Zeitreisender seinen Großvater oder seine Großmutter ermordet, bevor die Eltern des Zeitreisenden auf der Welt sind (vgl.: Hawking, 2016, S. 144).

8.2 Das Zwillingsparadoxon

Das wohl berühmteste Paradoxon im Zusammenhang mit Zeitreisen ist das Zwillingsparadoxon. Eine Person A und eine Person B sind Zwillinge. B steigt an dem 20. Geburtstag der Zwillinge in eine Raumkapsel und fliegt beispielsweise zum Stern Wega, der sich 26 Lichtjahre von der Erde entfernt befindet. Die Raumkapsel bewegt sich mit etwa 99 % der Lichtgeschwindigkeit. Wenn Person B den Stern erreicht hat, dreht sie um und fliegt wieder zurück zur Erde. Eine Rechnung ergibt, dass auf der Erde mittlerweile 52,5 Jahre vergangen sind, während für B die gesamte Reise, aufgrund der Zeitdilatation, nur 7,4 Jahre gedauert hat. Der Zwilling A der auf der Erde geblieben ist, ist also bei der Rückkehr von B 72,5 Jahre alt während B nur 27,4 Jahre alt ist. B hat die Strecke in 7,4 Jahren zurückgelegt. Rechnerisch ergibt sich daraus, dass die Raumkapsel mit 7-facher Lichtgeschwindigkeit fliegen hätte müssen. Die Lichtgeschwindigkeit darf aber laut der Relativitätstheorie nicht erreicht bzw. überschritten werden. Also muss die Reise für B anders gewesen sein als aus der Sicht der Erde (vgl.: Putz/ Jahn,

2019, S. 216).

8.3 Paradoxien allgemein

Wenn man in die Vergangenheit reist, könnte man zudem auf das Problem stoßen, sich selbst über den Weg zu laufen. Niemand weiß, was bei einem derartigen Zusammentreffen passieren würde. In dem Zeitreise-Film „Zurück in die Zukunft II" trifft die Freundin des Protagonisten Marty auf ihr älteres Ich. Dieses Treffen hat keine schwerwiegenden Folgen für den Verlauf der Zeit oder das Universum. Es könnte aber durchaus für Verwirrung sorgen, wenn plötzlich viele Ichs in verschiedenen Zeiten existieren. Wenn ein Zeitreisender in die Vergangenheit, dann in die Gegenwart und nochmals in die Vergangenheit reist, müssten zwei Ichs des Zeitreisenden in dieser Vergangenheit vorhanden sein. Wenn er sich hingegen in die Zukunft begibt ist es eher unwahrscheinlich, dass er auf sein gealtertes Ich trifft, da er sich in der Gegenwart auf die Reise begeben hat und in der Zukunft somit eigentlich nicht existieren kann (vgl.: Müller, 2016, S. 82).

Bei Zeitreisen könnte auch eine Verletzung des Kausalitätsprinzips entstehen. Das Kausalitätsprinzip beschreibt die festgelegte Reihenfolge von Wirkung und Ursache. Eine Wirkung hat immer zuerst eine Ursache. Wenn nun aber Zeitschleifen im Universum existieren, könnten Wirkung und Ursache gleichzeitig auftreten oder es könnte zu einer Widersprechung, nämlich einer Umkehrung, des Kausalitätsprinzips kommen. Deswegen glauben manche Wissenschaftler, dass die Naturgesetze geschlossene zeitartige Kurven verbieten, was bedeuten würde, dass Zeitreisen in die Vergangenheit höchst wahrscheinlich nicht möglich wären (vgl.: Müller, 2016, S. 83).

Die Frage, warum noch niemand einem Zeitreisenden aus der Zukunft begegnet ist, wirft weitere Paradoxien auf. Es könnte sein, dass Zeitreisen – speziell in die Vergangenheit –eine Unmöglichkeit darstellen, sie generell von den Naturgesetzen verboten sind oder sie bereits geschehen sind, wir es aber nicht bemerkt haben. Eine Theorie der Quantengravitation – der berühmteste Kandidat ist die Stringtheorie – würde Aufschluss darüber geben, ob geschlossene zeitartige Kurven der ART existieren und somit Zeitreisen in die Vergangenheit überhaupt möglich sein könnten (vgl.: Müller, 2016, S. 85f.).

Stephen Hawking ist der Meinung, dass Zeitreisen in die Vergangenheit von Natur aus verboten sind und hat 1992 seine Zeitschutzvermutung postuliert, die ein durch Zeitreisen verursachtes Chaos im Universum vermeiden würde (vgl.: Müller, 2016, S. 86 f.). Stephen Hawking sagte: „Die Gesetze der Physik verschwören sich, um Zeitreisen auf der makroskopischen Größenskala zu verhindern." (vgl.: Hawking, 2018, S. 166). Igor Novikovs Konsistenzbedingungen könnten verhindern, dass ein Zeitreisender die Geschichte verändert. Alles wäre determiniert und die Geschichte wäre sicher vor Zeitreisenden. Somit könnte man auch verstehen, weshalb wir noch nie von Zeitreisenden aus der Zukunft besucht worden sind (vgl.: Müller, 2016, S. 87).

8.4 Lösung von Paradoxien durch Weltlinien

Mit Hilfe sogenannter Weltlinien, abgeleitet aus Einsteins Relativitätstheorie, könnte man solche Paradoxien jedoch möglicherweise auflösen. Eine Weltlinie wäre zum Beispiel, wenn man beschließt um sieben Uhr morgens nicht aufzustehen und zur Arbeit zu gehen, sondern noch vier Stunden im Bett liegen bleibt. Sogar bei dieser Art des Nichtstuns zieht man eine Weltlinie. Man bewegt sich zwar nicht im Raum, jedoch die Zeit verstreicht trotzdem. Die Weltlinie kann man sich hierbei als senkrechte Linie vorstellen (vgl.: Kaku, 2017, S. 375). Wenn man nun um elf Uhr zur Arbeit geht, verläuft die Weltlinie schräg nach rechts oben. Weltlinien haben keinen Anfang, kein Ende und können nicht auseinanderbrechen, denn wenn man geboren wird, bekommt man eine Mischung aus den Weltlinien der Eltern. Auch wenn ein Mensch stirbt ziehen die Moleküle des Körpers ihre Weltlinie weiter (vgl.: Kaku, 2017, S. 376). Wenn Reisen durch die Zeit möglich sind, würde sich die Weltlinie eines Zeitreisenden zu einer geschlossenen zeitartigen Kurve biegen (vgl.: Kaku, 2017, S. 379). Bei einer Reise in die Vergangenheit, bei der man beispielsweise verhindert, dass sich seine Eltern kennenlernen, würde man laut der Weltlinien-Theorie nicht einfach verschwinden wie zum Beispiel im Film „Zurück in die Zukunft" dargestellt. Denn wenn man selbst verschwindet, verschwindet auch die eigene Weltlinie was laut Einsteins Relativitätstheorie unmöglich ist. Nach dieser Theorie kann man die Vergangenheit also nicht verändern (vgl.: Kaku, 2017, S. 378).

8.5 Die Viele-Welten-Theorie

Um bei Zeitreisen in die Vergangenheit nicht die ganze Geschichte zu verändern, wäre auch die Viele-Welten-Theorie ein geeignetes Konzept. Bei einer Zeitreise wird das Universum in zwei Universen aufgespaltet und es entsteht somit ein Paralleluniversum wie in Abb. 15 ersichtlich. Dieser Ansatz stimmt womöglich mit der Quantentheorie überein (vgl.: Kaku, 2016, S. 287). Die Viele Welten-Theorie wird auch in dem Film „Zurück in die Zukunft" dargestellt. Der Wissenschaftler „Doc Brown" zeichnet auf eine Tafel eine horizontale Linie, welche die Zeit in unserem Universum darstellen sollte. Danach zeichnet er eine weitere Linie, die ihren Ursprung bei unserem Universum hat, jedoch in ein Paralleluniversum abzweigt, das sich bildet, wenn es eine Veränderung der Vergangenheit gibt. Wenn man also – wie bei dem Großvaterparadoxon – beispielsweise seine Eltern in der Vergangenheit ermordet, bevor man selbst geboren ist bedeutet dies nur, dass man zwei Menschen, die genetisch ident zu den Eltern, jedoch nicht die wahren Eltern sind ermordet hat, da man sich in einem Paralleluniversum in der Vergangenheit befindet und nicht in der persönlich wahren Vergangenheit. (vgl.: Kaku, 2016, S. 288).

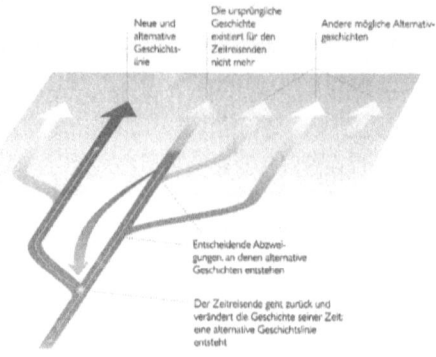

Abbildung 15: Mögliche Lösung von Zeitreise-Paradoxien

Die Viele-Welten-Theorie, die 1957 von dem Physiker Hugh Everett formuliert wurde besagt, dass sich das Universum während seiner Entwicklung in immer mehr Universen aufspaltet. Es müsste also unendlich viele Universen geben, die miteinander verbunden sind (vgl.: Kaku, 2017, S. 413). Stephen Hawking hat eine Theorie entwickelt, in der man mit Hilfe von Wurmlöchern zwischen den Universen hin und her reisen könnte (vgl.: Kaku, 2017, S. 416).

9. FAZIT

Ob Zeitreisen im Sinne des Blockbusters „Zurück in die Zukunft", also ein Mensch setzt sich in eine Maschine, die zum Beispiel ein Auto ist, bewegt sich mit Überlicht-geschwindigkeit und kommt an einem Zeitpunkt in der Vergangenheit oder der Zukunft an, jemals möglich sind kann nicht klar gesagt werden. Wissenschaftler sind sich bei dem Thema höchst uneinig. Menschen und andere makroskopische Objekte können mit dem heutigen Stand der Technik jedoch nicht durch die Zeit reisen.

Nur Astronauten, die eine längere Zeit im Orbit verbringen, durchlaufen eine kleine Zeitreise in die Zukunft, da sie sich mit höheren Geschwindigkeiten bewegen und Somit die Zeitdilatation der SRT einsetzt. Sie altern um einen Bruchteil einer Sekunde weniger, als die Menschen auf der Erde (vgl.: Vaas, 2013, S. 266). Die ART würde Zeitreisen jedenfalls theoretisch erlauben. Zum Beispiel erlaubt sie

Wurmlöcher und zeitartige geschlossene Kurven, mit denen man durch die Zeit reisen könnte (vgl.: Müller, 2016, S.85).

Beim Bau von Zeitmaschinen sind der Fantasie keine Grenzen gesetzt. Eine Zeitmaschine könnte so funktionieren, dass ein Mensch in einer Raumkapsel mit annähernd Lichtgeschwindigkeit fliegt. Aufgrund der Zeitdilatation aus der SRT würde die Zeit in dem Raumschiff langsamer vergehen, als jene auf der Erde. Der Mensch in der Kapsel würde somit in die Zukunft reisen (vgl.: Müller, 2016, S. 26). Eine andere Möglichkeit durch die Zeit zu reisen, wäre mit einer Raumkapsel in der Nähe eines sehr massereichen Objekts im Weltraum zu „parken". Diese Zeitmaschine basiert auf dem Prinzip der ART, denn nahe größeren Massen, wie beispielsweise Schwarzen Löchern, vergeht die Zeit langsamer. Somit wäre es möglich in die Zukunft zu reisen, denn die Zeit würde n der Raumkapsel langsamer vergehen, als auf der Erde (vgl.: Müller, 2016, S. 49). Die wahrscheinlich unter Physikern beliebtesten und zugleich umstrittensten Zeit-und Raummaschinen sind Wurmlöcher. Sie sind bisher nur auf dem Papier existierende Objekte, die weite Strecken im Weltall verbinden könnten. Wenn man durch die Öffnung eines Wurmlochs hindurchfliegt, könnte man sich beim Austreten aus dem Wurmloch eventuell bei der Vorbereitung auf die Reise zusehen. Man könnte somit in die Vergangenheit sehen (vgl.: Müller, 2016, S. 64). Alle diese Methoden um durch die Zeit zu reisen werfen jedoch viele Probleme und Fragen auf, die erst mit Hilfe einer „Quantentheorie der Gravitation" geklärt werden könnten (vgl.: Müller, 2016, S. 86).

Bei Zeitreisen können einige Zeit-Paradoxien entstehen. Zum einen das Großvaterparadoxon, welches sich vor allem auf die Vergangenheit bezieht, könnte besonders gefährliche Auswirkungen haben. Menschen könnten nämlich, wenn sie in die Vergangenheit reisen, ihre Großeltern ermorden, bevor ihre Eltern geboren worden sind und somit ihre eigene Geburt verhindern (vgl.: Hawking, 2016, S. 144). Ein weiteres Paradoxon ist das Zwillingsparadoxon. Hierbei reist ein Zwilling in den Weltraum und der andere bleibt auf der Erde. Wenn der eine aus dem Weltraum zurückkommt, ist dieser weniger gealtert als sein Zwilling und ist somit in die Zukunft gereist (vgl.: Müller, 2016, S. 24). Die eventuelle Verletzung des Kausalitätsprinzips spricht ebenfalls gegen Zeitreisen. Die Reihenfolge, wie Ereignisse ablaufen, könnte durcheinandergeraten (vgl.: Müller, 2016, S. 83).

Wenn es jedem erlaubt wäre durch die Zeit zu reisen, würde unter Umständen ein Chaos oder gar vielleicht kriegerische Auseinandersetzungen entstehen. Jedoch muss man sich eventuell gar keine Sorgen über eventuelle Chaos-Szenarien machen, da die Natur mit Hilfe der Chronologieschutzthese die Ordnung der Ereignisse aufrechterhalten könnte und Zeitreisen verunmöglicht (vgl.: Hawking, 2016,

S. 158). Eine andere Lösung dieser Probleme, bezogen auf die Vergangenheit, wäre die Viele-Welten-Theorie. Hierbei würde sich, jedes Mal, wenn jemand in die Vergangenheit reist sozusagen ein Paralleluniversum öffnen und man würde nicht in dem „wahren" Universum jemanden ermorden, sondern in einem anderen, „falschen" Paralleluniversum (vgl.: Kaku, 2017, S. 413).

Wie man aus den Erkenntnissen herauslesen kann, ist es sehr schwierig zu sagen, ob nun Zeitreisen irgendwann für Menschen möglich sind oder nicht. Im 19. Jahrhundert hätte man hingegen auch nie geglaubt, dass es jemals möglich sein würde, eine Nachricht von Europa nach Amerika in weniger als einer Sekunde zu verschicken. Deswegen könnten im Moment noch Unmöglichkeiten, wie Zeitreisen, in wenigen hundert Jahren schon Realität sein. Es wird eine „Quantentheorie der Gravitation" benötigt – eine Theorie, die die ART und die Quantentheorie miteinander vereinigt – um wirklich sagen zu können, ob Zeitreisen irgendwann auch für Menschen in die Realität umgesetzt werden können und nicht nur in den Köpfen von Science-Fiction-Fans verwirklichbar sind.

LITERATURVERZEICH-NIS:

Printmedien:

Apolin, Martin: Big Bang Physik 8. 1. Auflage, Wien: ÖBV, 2008.

Hawking, Stephen: Das Universum in der Nussschale. 7. Auflage. München: dtv, 2016.

Hawking, Stephen: Die illustrierte kurze Geschichte der Zeit. 14. Auflage. Reinbek bei Hamburg: Rowohlt, 2019.

Hawking, Stephen: Eine kurze Geschichte der Zeit. 23. Auflage. Reinbek bei Hamburg: Rowohlt, 2018.

Hawking, Stephen: Kurze Antworten auf große Fragen. 6. Auflage. Stuttgart: Klett-Cotta, 2018.

Jaros, Albert/ Nussbaumer, Alfred/ Nussbaumer, Peter/ Kunze, Hansjörg: Physik compact. Basiswissen 8. 1. Auflage. Wien: öbv & hpt, 2007.

Kaku, Michio: Die Physik der unsichtbaren Dimen-

sionen. Eine Reise durch Zeittunnel und Paralleluniversen. 4. Auflage. Reinbek bei Hamburg: Rowohlt, 2017

Kaku, Michio: Die Physik des Unmöglichen. Beamer, Phaser, Zeitmaschinen. 6. Auflage. Reinbek bei Hamburg: Rowohlt, 2016.

Müller, Andreas: Zeitreisen und Zeitmaschinen. Heute Morgen war ich noch gestern. 1. Auflage, Berlin, Heidelberg: Springer, 2016.

Putz, Bruno/ Jahn, Brigitte: Faszination Physik 7 bis 8. 1. Auflage, Linz Veritas, 2019.

Vaas, Rüdiger: Tunnel durch Raum und Zeit. Von Einstein zu Hawking – Schwarze Löcher, Zeitreisen und Überlichtgeschwindigkeit. 6. aktualisierte Auflage. Stuttgart: Franckh-Kosmos, 2013.

Online Medien:

Gast, Robert: Ins Herz der Finsternis. https://www.spektrum.de/magazin/ins-herz-der-finsternis-das-erste-bild-eines-schwarzen-lochs/1647844 [Zugriff: 06.09.2019]

Hummel, Philipp: Knackpunkt ist der Charakter des Schwarzen Lochs. https://www.zeit.de/wissen/2014-11/interstellar-physik [Zugriff: 06.02.2020]

Pössel, Markus: Träge und schwere Masse. https://www.einstein-online.info/spot-

light/traegeschwere/ [Zugriff: 05.02.2020]

ABBILDUNGSVER-ZEICHNIS

Abbildung 1: design und mehr: Raumkrümmung Schwarzer Löcher, https://supernova.eso.org/germany/exhibition/images/RZ_Educational_1205_DRUCK/ lizenziert unter CC BY 4.0[Zugriff: 29.12.2019]

Abbildung 2: EHT Collaboration: Das erste Bild eines Schwarzen Lochs, https://www.eso.org/public/germany/images/eso1907a/ lizenziert unter CC BY 4.0 [Zugriff: 06.09.2019]

Abbildung 3: Hawking, Stephen: Form und Richtung der Zeit, Das Universum in der Nussschale. 7. Auflage. München: dtv, 2016, S. 41

Abbildung 4: Hawking, Stephen: Die Zeitpfeile, Die illustrierte kurze Geschichte der Zeit. 14. Auflage. Reinbek bei Hamburg: Rowohlt, 2019, S. 187

Abbildung 5: Müller, Andreas: Doppler-Effekt bei relativistischen Geschwindigkeiten, Zeitreisen und Zeitmaschinen. Heute Morgen war ich noch gestern. 1. Auflage, Berlin, Heidelberg: Springer, 2016, S. 42

Abbildung 6: Vaas, Rüdiger: Die erste Zeichnung eines Wurmloch,. Tunnel durch Raum und Zeit. Von Einstein zu Hawking – Schwarze Löcher, Zeitreisen und Überlichtgeschwindigkeit. 6. aktualisierte Auflage. Stuttgart: Franckh-Kosmos, 2013, S. 168

Abbildung 7: Hawking, Stephen: Strings und deren Weltflächen, Die illustrierte kurze Geschichte der Zeit. 14. Auflage. Reinbek bei Hamburg: Rowohlt, 2019, S. 216

Abbildung 8: Hawking, Stephen: Positive und negative Krümmung von Raum, Die illustrierte kurze Geschichte der Zeit. 14. Auflage. Reinbek bei Hamburg: Rowohlt, 2019, S. 203

Abbildung 9: Hawking, Stephen: Einstein-Rosen-Brücke, Die illustrierte kurze Geschichte der Zeit. 14. Auflage. Reinbek bei Hamburg: Rowohlt, 2019, S. 204

Abbildung 10: Hawking, Stephen: Teilchen-Anti-

teilchen-Paare, Das Universum in der Nussschale. 7. Auflage. München: dtv, 2016, S. 153

Abbildung 11: Hawking, Stephen: Teilchen-Antiteilchen-Paare bei einem Schwarzen Loch, Das Universum in der Nussschale. 7. Auflage. München: dtv, 2016, S. 153

Abbildung 12: Hawking, Stephen: Das Prinzip von Wurmlöchern, Das Universum in der Nussschale. 7. Auflage. München: dtv, 2016, S. 145

Abbildung 13: Vaas, Rüdiger: Gravitationslinseneffekt – Doppelring, Tunnel durch Raum und Zeit. Von Einstein zu Hawking – Schwarze Löcher, Zeitreisen und Überlichtgeschwindigkeit. 6. aktualisierte Auflage. Stuttgart: Franckh-Kosmos, 2013, S. 185

Abbildung 14: Hawking, Stephen: Die Aufsummierung von Möglichkeiten, Die illustrierte kurze Geschichte der Zeit. 14. Auflage. Reinbek bei Hamburg: Rowohlt, 2019, S. 80

Abbildung 15: Hawking, Stephen: Mögliche Lösung von Zeitreise-Paradoxien, Die illustrierte kurze Geschichte der Zeit. 14. Auflage. Reinbek bei Hamburg: Rowohlt, 2019, S. 208